Vishal Chhaya

Conceção e análise CFD do impulsor da bomba submersível

Vishal Chhaya

Conceção e análise CFD do impulsor da bomba submersível

Conceção e análise CFD do impulsor da bomba de fluxo misto da bomba submersível do tipo V6

ScienciaScripts

Imprint

Any brand names and product names mentioned in this book are subject to trademark, brand or patent protection and are trademarks or registered trademarks of their respective holders. The use of brand names, product names, common names, trade names, product descriptions etc. even without a particular marking in this work is in no way to be construed to mean that such names may be regarded as unrestricted in respect of trademark and brand protection legislation and could thus be used by anyone.

Cover image: www.ingimage.com

This book is a translation from the original published under ISBN 978-3-659-86751-4.

Publisher:
Sciencia Scripts
is a trademark of
Dodo Books Indian Ocean Ltd. and OmniScriptum S.R.L publishing group

120 High Road, East Finchley, London, N2 9ED, United Kingdom
Str. Armeneasca 28/1, office 1, Chisinau MD-2012, Republic of Moldova, Europe
Managing Directors: Ieva Konstantinova, Victoria Ursu
info@omniscriptum.com

Printed at: see last page
ISBN: 978-620-3-32815-8

ÍNDICE DE CONTEÚDOS

LISTA DE NOMENCLATURA

SÍMBOLOS

b   breadth

d   diameter

g   gravitational acceleration

m   mass

n   rotational speed

r   radius

t   arc length

w   rotational speed

z   number of blades, number of vanes

A   area

H   pump head

N   specific speed

P   power

Q   flow rate

T   torque

U   uncertainty, tangential component of velocity

V   volume

α fluid angle

β blade angle

η efficiency

φ constriction coefficient

π pi number

ρ density of pumping fluid

τ torsion stress

ÍNDICES

0   inlet eye of the impeller

1   inlet of the blade

2   exit of the blade

f   fluid

h   hydraulic

i   inlet

n   number of measurements

o   exit

s   shaft

t   total

th   theoretical

CAPÍTULO - 1 INTRODUÇÃO

Uma bomba é um dispositivo que acelera os fluidos ou, por vezes, as lamas por ação mecânica. As bombas podem ser classificadas em três grandes grupos, de acordo com o método que utilizam para acelerar o fluido: bombas de elevação direta, de deslocamento e de gravidade.

1. BOMBA DE DESLOCAMENTO POSITIVO

Uma bomba de deslocamento positivo faz com que um fluido se mova ao reter uma quantidade fixa e forçar esse volume retido para o tubo de descarga.

Algumas bombas de deslocamento positivo utilizam uma cavidade que se expande no lado da sucção e uma cavidade que diminui no lado da descarga. O líquido flui para dentro da bomba à medida que a cavidade no lado da sucção se expande e o líquido flui para fora da descarga à medida que a cavidade colapsa. O volume é constante em cada ciclo de funcionamento.

várias bombas de deslocamento positivo são

- Bomba de impulso

- bomba de velocidade

- radial, axial, caudal misto

- bomba de gravidade

- bomba de vapor

- bomba de válvula

1.1 BOMBA CENTRÍFUGA

Bomba em que o líquido sai do corpo da bomba devido à ação centrífuga. O líquido pode entrar axialmente no corpo da bomba e sair devido à ação centrífuga do impulsor da bomba. A bomba converte a energia cinética em energia hidráulica. De acordo com o líquido que sai do corpo do impulsor, pode ser classificada como radial. Axial ou de caudal misto.

1.1.1 BOMBA DE CAUDAL MISTO

Bomba em que o líquido se desloca com aceleração radial e axialmente num ângulo entre $0°$ e $90°$.

Figura 1.1 Diferentes tipos de bombas de acordo com o seu caudal

> APLICAÇÕES

> Adequado para muitas tarefas diferentes

> Construído para lidar com grandes quantidades de água bruta,

> Controlo das inundações e das águas pluviais

> Drenagem e irrigação de grande volume

> Entrada de água bruta

> Circulação de grandes quantidades de água, por exemplo, em parques aquáticos

Controlo do nível da água em zonas costeiras e de baixa altitude

> Enchimento e esvaziamento de docas secas e instalações portuárias

> Enchimento ou esvaziamento de reservatórios Esgotos tratados

> Entrada de água de arrefecimento em centrais eléctricas

> Águas de processo e de descarga

1.3 BOMBA SUBMERSÍVEL

1.3.1 PRINCÍPIO BÁSICO DA BOMBA SUBMERSÍVEL:

Os líquidos produzidos, depois de sujeitos a grandes forças centrífugas causadas pela elevada velocidade de rotação do impulsor, perdem a sua energia cinética no difusor, onde ocorre uma conversão da energia cinética em energia de pressão. Este é o principal mecanismo de funcionamento das bombas de caudal radial e misto.

Quando os fluidos entram na bomba através de uma tela de entrada e são levantados pelos estágios da bomba. Outras partes incluem as chumaceiras radiais (casquilhos) distribuídas ao longo do comprimento do veio que fornecem apoio radial ao veio da bomba que roda a altas velocidades de rotação. Uma chumaceira de impulso opcional absorve parte das forças axiais que surgem na bomba, mas a maior parte dessas forças é absorvida pela chumaceira de impulso do protetor.

1.4 IMPELIDOR

O impulsor é uma parte importante de qualquer bomba submersível, uma vez que todo o desempenho da bomba depende dos parâmetros geométricos de um impulsor. Parâmetros de desempenho como altura, descarga, eficiência hidráulica e volumétrica podem ser melhorados alterando o design da bomba, de modo a alterar o design do impulsor para o mesmo design de bacia.

1.5 INFORMAÇÕES GERAIS SOBRE A ANÁLISE DA CFD

A análise CFD é uma ferramenta fiável para analisar as caraterísticas de desempenho da bomba e avaliar certos parâmetros da bomba como a pressão, a velocidade e o caudal em diferentes domínios. Também é útil para analisar a distribuição da pressão nos vários elementos fluidos da bomba. Aplicando condições de fronteira adequadas, podemos analisar os parâmetros de desempenho da bomba. Em geral, aplica-se a pressão ou a velocidade à entrada e o caudal ou a pressão à saída. Para a análise transiente, o rotor não é movido, mas é dada rotação à película de fluido através do rotor. O ANSYS dispõe de uma ferramenta de modelação para as pás e de conetividade com malhas e uma ferramenta cfx para análise. O modelo de tensão de cisalhamento é o mais adequado para este tipo de análise e é mais fiável.

CAPÍTULO - 2 REVISÃO DA LITERATURA

2.1 ESTUDO DA LITERATURA

1. O Sr. Jidong Li et.al. efectuou uma análise CFD de uma bomba de fluxo misto tendo em conta uma conceção optimizada, verificando-se que o desempenho hidráulico da bomba foi melhorado aumentando a área da secção da voluta e reduzindo o ângulo de entrada da pá. Além disso, o desempenho da bomba pode ser melhorado reduzindo o número de pás e aumentando a curvatura radial da pá do impulsor original. Verifica-se que a conceção óptima da bomba de fluxo misto é conseguida reduzindo o número de pás de 7 para 5, a conceção da secção curva do tipo C reduz a ocorrência de vértices na cabeça da pá e aumenta o ângulo da estrutura de entrada da pá de forma adequada e a redução do ângulo da estrutura de saída da pá proporciona um desempenho ótimo. O modelo hidráulico da bomba vertical de turbina de caudal misto, concebido com base num escoamento tridimensional viscoso, pode ser simulado num software como o ANSYS CFX e a simulação numérica pode ser efectuada no FINETM, módulo turbo do software NUMECA. O projeto baseado nos resultados desta simulação pode satisfazer os requisitos de engenharia. [1]

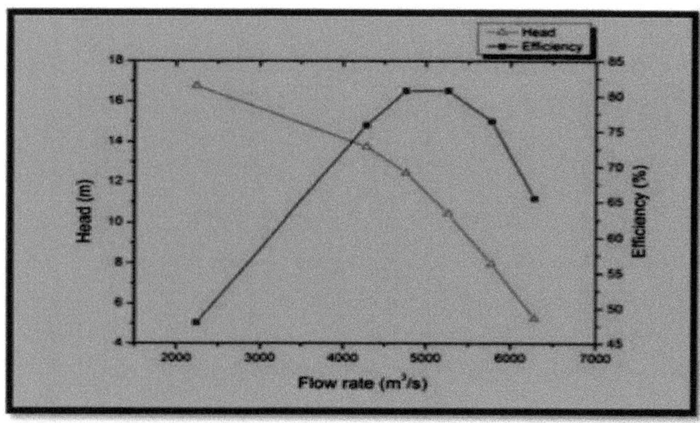

Figura.2.1 Curva cabeça-caudal e eficiência-caudal ajustada de vários pontos de cálculo

pontos de cálculo da bomba Original [1]

2. O Sr. Micahal Varchola et.al. efectuou o projeto geométrico de uma bomba de fluxo misto com base nos resultados experimentais do fluxo de um impulsor interno e obteve os seguintes resultados. Não existe um padrão exato para a passagem entre a entrada e a saída do impulsor. O desenho do impulsor pode ser feito assumindo as menores perdas possíveis. A geometria de entrada é influenciada principalmente pelo parâmetro de sucção e a geometria de saída é obtida tendo em conta a energia específica desejada. Pode dizer-se que o método utilizado para a projeção do corte de uma pá, baseado na distribuição caraterística da pressão no canal do impulsor, parece ser uma perspetiva para a projeção primordial da geometria da bomba diagonal. [2]

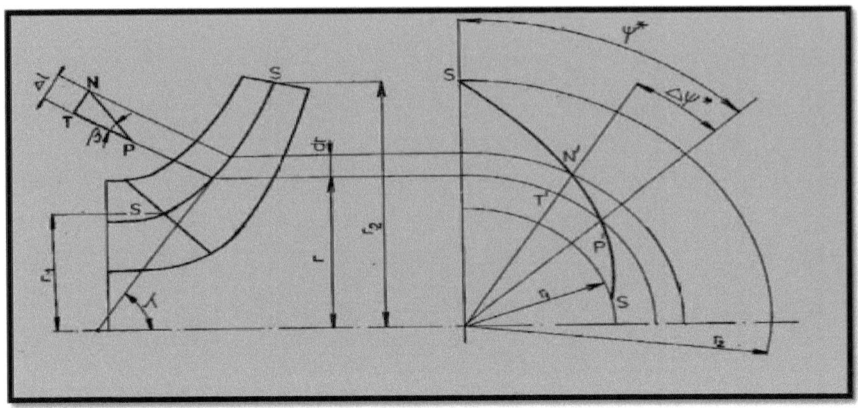

Figura. 2.2 Geometria do impulsor [2]

3. O Sr. Hao bing et.al. analisou que o projeto do impulsor com o pressuposto de escoamento tridimensional tem um melhor desempenho hidráulico e melhora significativamente a capacidade de conversão de energia da pá do que o pressuposto de escoamento bidimensional. Vale a pena notar que, no bordo de fuga da pá, a circulação em cada linha de fluxo meridional é basicamente a mesma, satisfazendo o requisito de distribuição uniforme da circulação no bordo de fuga da pá. Isto demonstra que o TDP tem vantagens óbvias sobre o método de projeto baseado no pressuposto de escoamento bidimensional. [3]

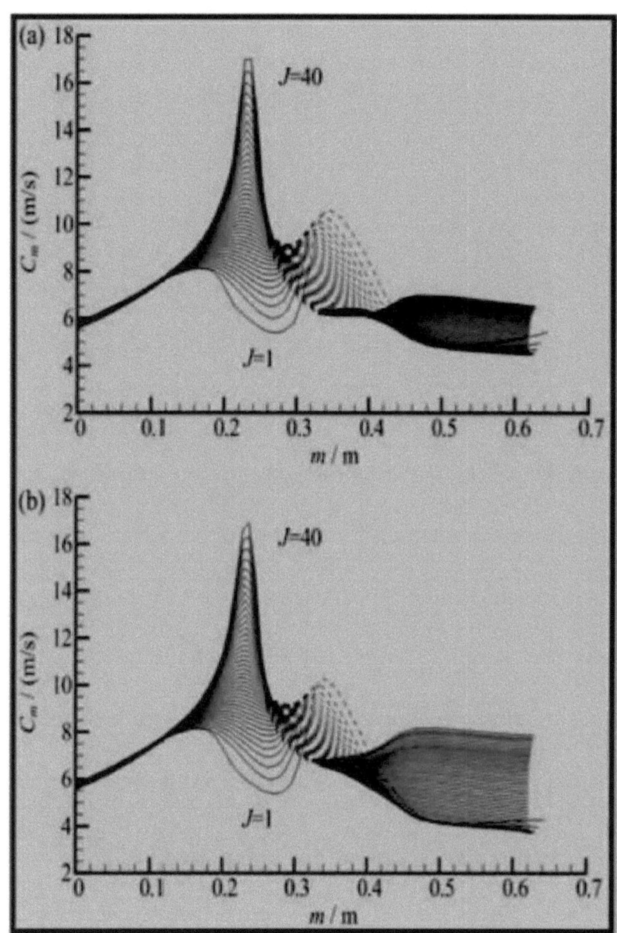

Figura .2.3 Distribuição da velocidade meridional obtida por cálculo direto: (a) impulsor concebido com base na hipótese de escoamento bidimensional e (b) impulsor concebido com TDP. TDP: plataforma de conceção tridimensional. [3]

4. O Sr. R. Ragoth Sinh et.al. verificou que as contribuições de todos os parâmetros de conceção têm uma boa importância para determinar o desempenho. Foram também realizadas experiências de conformação para verificar a combinação óptima dos parâmetros de conceção obtidos. Foi observada uma boa concordância entre os valores previstos e reais para a pressão estática e a descarga e o perfil de palhetas para trás do impulsor tem melhor eficiência em comparação com o perfil de palhetas para a frente. [4]

5. Manivannan, et.al. Department of Mechanical Engineering, PSG College of Technology Coimbatore, INDIA, nos seus estudos sobre a análise CFD de uma bomba de fluxo misto, concluiu que a eficiência aumenta em 18,18% com a alteração do ângulo das palhetas de entrada e de saída. A curva caraterística entre a descarga e a altura manométrica é apresentada na Figura 7. Esta mostra que, no caso da hélice existente, a altura manométrica diminui enquanto a descarga aumenta. Quando a taxa de descarga aumenta, a velocidade do fluido também aumenta e este aumento de velocidade leva a uma queda de pressão. Assim, a altura manométrica diminui enquanto a descarga aumenta. A curva caraterística entre a descarga e a altura manométrica para o impulsor modificado1 mostra que a altura manométrica aumenta 3,22% no ponto de melhor eficiência. O aumento do ângulo de saída leva a um fluxo suave na região de saída. [5]

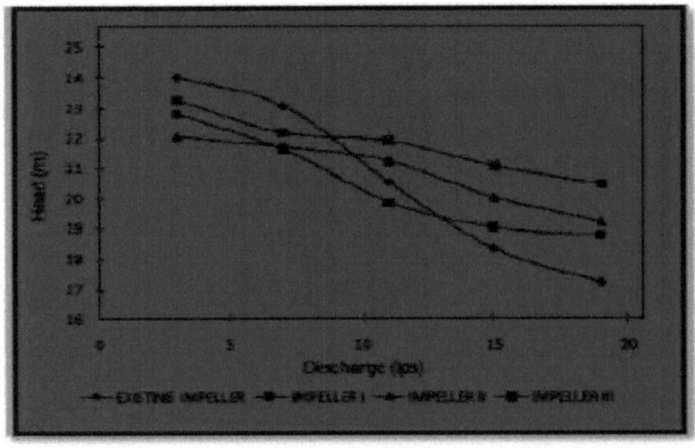

Figura. 2.4 Altura manométrica desenvolvida pelo impulsor existente e modificado [5]

12

A curva caraterística entre a descarga e a eficiência global é apresentada na Fig.12. Mostra que a eficiência global do impulsor existente começa a diminuir após 11 lps. Devido à elevada taxa de descarga, a velocidade do fluido aumenta e esta velocidade elevada provoca perdas por cavitação e recirculação no interior do impulsor. [5]

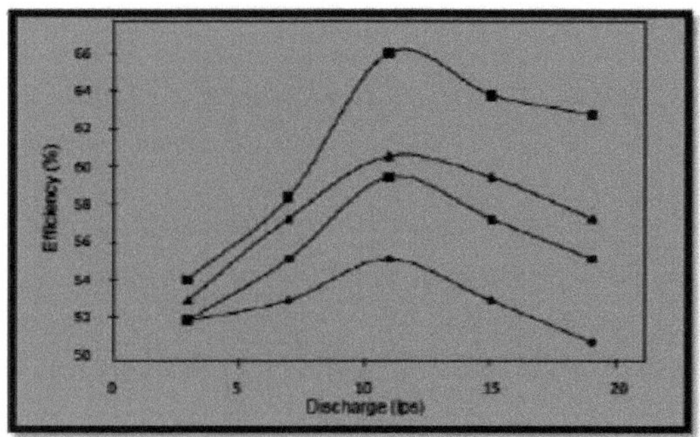

Figura.2.5 Eficiência do impulsor existente e modificado [5]

1. Sambhrant Srivastava et.al., no seu estudo sobre a conceção de um impulsor de bomba de fluxo misto com validação da análise de tensões, verificou que a tensão de Von Misses na raiz da pá da bomba para a posição inclinada da pá na entrada era muito inferior à do posicionamento trapezoidal da pá no anel meridional, o que indica claramente que a posição inclinada da pá na entrada é uma melhor opção do que a outra. Além disso, esta observação foi apoiada pelas tensões principais máximas obtidas. Além disso, o impulsor da bomba de fluxo misto com o posicionamento da lâmina inclinada na entrada no anel meridional está a ficar menos deformado do que o posicionamento da lâmina trapezoidal, o que por si só significa que o impulsor com o posicionamento das lâminas inclinadas na entrada é uma melhor escolha do que o outro[6]

7. O Sr. Pranit M Patii et.al. no seu estudo sobre a conceção, desenvolvimento e ensaio de um impulsor de uma bomba submersível de poço aberto para melhorar o desempenho concluiu que a conceção de uma bomba submersível de poço aberto é melhorada através da variação do ângulo da lâmina de entrada e de saída para melhorar o desempenho da bomba. O corte oblíquo é uma das técnicas modernas utilizadas para melhorar a altura manométrica. Nesta técnica, o perfil da palheta para trás corta ou apara na periferia. [7]

8. Arunangsu Das et.al., no seu trabalho sobre Conceção e Análise de Tensões de um Impulsor de Bomba de Fluxo Misto, verificou que o impulsor da bomba de fluxo misto com a posição da pá inclinada na entrada no anel meridional sofre menos tensões de Von Misses do que a posição da pá trapezoidal no anel meridional. A solidez da pá ao longo do vão para as pás inclinadas na entrada apresenta melhores caraterísticas do que a posição da pá trapezoidal no anel meridional. Por conseguinte, a partir do presente trabalho, pode concluir-se que o impulsor da bomba de caudal misto com a posição das pás inclinadas à entrada no anel meridional pode ser uma melhor escolha para utilização. [8]

9. Neelambika et.al, no seu trabalho sobre a análise CFD do impulsor de fluxo misto, concluiu que a análise CFD é uma ferramenta eficaz para analisar de forma rápida e económica o efeito do design e do parâmetro de funcionamento da bomba. Ao conceber corretamente o impulsor da bomba, a eficiência da bomba pode ser melhorada. [9]

10. Parag M. Thete et.al. No seu trabalho sobre a otimização do desempenho de um impulsor de fluxo misto utilizando pás para trás, verificou que a análise CFD apresenta uma eficiência 5% a 10% superior à dos resultados experimentais e que o perfil de pás

para trás apresenta uma eficiência superior à do perfil de pás para a frente. [10]

2.2 RESUMO DA REVISÃO DA LITERATURA

- Assim, a eficiência ou o desempenho da bomba de fluxo misto pode ser melhorado

por -

1. Reduzir o número de lâminas

2. Aumentar corretamente o ângulo da estrutura de entrada da pá e reduzir o ângulo

da estrutura de saída da pá.

3. Conceção do impulsor com pressupostos de fluxo tridimensional.

4. Cortar ou recortar o perfil da palheta para trás.

5. Diminuição da espessura da pá do impulsor na periferia.

CAPÍTULO - 3 DEFINIÇÃO DO PROBLEMA

Tal como referido na revisão da literatura, existe sempre a possibilidade de melhorar o desempenho da bomba. A eficiência da bomba depende em grande medida da conceção do impulsor. Para melhorar o desempenho da bomba, é necessário modificar a conceção do impulsor, trabalhar o ângulo de saída e de entrada e reduzir o número de pás, o que tem um efeito significativo no desempenho da bomba. A eficiência da bomba depende em grande medida da conceção do impulsor. A modificação da conceção do impulsor para melhorar o desempenho da bomba aumenta o ângulo da estrutura de entrada da lâmina de forma adequada e a redução do ângulo da estrutura de saída da lâmina proporciona um desempenho ótimo. Além disso, a redução do número de pás altera significativamente o desempenho da bomba.

Aqui tomámos o impulsor da bomba submersível de tipo de fluxo misto, modelo n° YCQ-125, V-6. É fabricada na indústria PUMP HOUSE, RAJKOT. Espera-se que tenha uma descarga de 0,0078 m³ /seg. com uma altura de 46 m. A partir dos dados da bomba mencionada, o seu desempenho é inferior à taxa esperada de altura e descarga. Assim, a bomba é reavaliada com base nos critérios acima referidos de aumento do ângulo da estrutura de entrada e redução do ângulo da estrutura de saída, com redução do número de lâminas para um melhor desempenho hidráulico. A fim de estabelecer os critérios acima referidos, a bomba existente deve ser redesenhada no ponto de melhor eficiência, a fim de encontrar o ângulo adequado da estrutura de entrada e de saída.

No capítulo seguinte, o impulsor é concebido com base no ponto de melhor eficiência e os ângulos de entrada e saída são encontrados e a conceção analítica será validada pela análise CFD do impulsor.

3.1 DADOS DO IMPULSOR EXISTENTE

Quantidade	Símbolo	Valor	Unidade
Cabeça	H	46	contador
Descarga	Q	0.0078	m^3 / seg.
Velocidade de rotação	N	2880	rpm
N.º de fases	m	6	Não.
Diâmetro do veio	d_{sh}	17.9	mm
Diâmetro do cubo	d_{hi}	28.43	mm
Diâmetro de entrada	$D2_i$	91.44	mm
Diâmetro de saída	$D2_o$	110.18	mm
Ângulo de entrada da lâmina	β_1	26.57	grau
Ângulo da lâmina de saída	β_2	17.27	grau
Potência	P_m	7.5	H.P

Tabela no. 3.1 dados do impulsor existente

Neste caso, a abordagem de engenharia inversa foi tida em conta para redesenhar o impulsor. Todos os parâmetros geométricos acima referidos, exceto o ângulo das pás de entrada e de saída, foram medidos manualmente com um paquímetro digital. O ângulo das pás de entrada e de saída foi medido por uma máquina de medição por coordenadas (CMM), gerando uma nuvem de pontos da curvatura das pás.

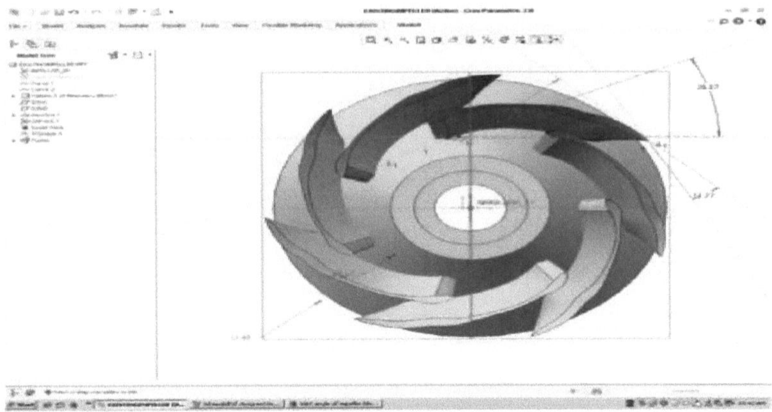

Figura 3.1 Ângulo de entrada e de saída do impulsor existente

CAPÍTULO - 4 CONCEPÇÃO HIDRÁULICA DO IMPULSOR

4.1 INFORMAÇÕES GERAIS SOBRE A CONCEPÇÃO DA BOMBA

Os procedimentos de projeto constantes da literatura, juntamente com a experiência e o know-how da empresa, são utilizados durante o projeto destas peças. Uma vez que não existe informação suficiente sobre a conceção da disposição do impulsor, é aplicado um procedimento de tentativa e erro para conceber a disposição do impulsor. Além disso, o projeto preliminar e o projeto da disposição do impulsor são realizados em conjunto, de modo a obter o melhor perfil de disposição do impulsor para a bomba projectada. A modelação da pá é realizada utilizando o método ponto a ponto descrito na secção relacionada com o projeto do impulsor.

4.2 CONCEPÇÃO HIDRÁULICA DO IMPULSOR

Partindo de um perfil de disposição do impulsor existente, é concebida uma nova disposição do impulsor para satisfazer as caraterísticas hidráulicas da bomba a projetar. As iterações são efectuadas para ajustar a melhor forma da disposição do impulsor. A última parte, que é a modelação das pás, é seguida pelo projeto preliminar nesta secção. O método ponto a ponto é selecionado para ser utilizado na modelação das pás do impulsor. [11]

4.3 CONCEPÇÃO DO PERFIL DE DISPOSIÇÃO DO IMPULSOR

- Dados de entrada para a conceção do impulsor.

QUANTIDADE	SÍMBOLO	VALOR	UNIDADE

CABEÇA	H	46	contador
DESCARGA	Q	0.0078	m$^{3/}$ s.
VELOCIDADE	n	2880	rpm
ETAPAS	m	6	Não.

Tabela n.º 4.1 dados de entrada para a conceção do impulsor

A forma do perfil de disposição do impulsor está relacionada com a velocidade específica da bomba. Para iniciar o projeto do perfil de disposição do impulsor, calcula-se a velocidade específica não-dimensional, N, da bomba a projetar. [11]

$$N = \frac{\omega\sqrt{Q}}{(gH)^{0.75}} \qquad (4.1)$$

Onde, w está em rad/s, Q está em m$^{(3)}$/s, g está em m/s^2 e H está em metros. A partir daí, obtém-se N=0,9243 Para projetar a disposição do impulsor, primeiro escolhe-se a disposição do impulsor da bomba que tem a velocidade específica mais próxima no ponto de melhor eficiência a partir da biblioteca de disposição do impulsor da Layne Bowler. O perfil selecionado da biblioteca de layouts de impulsores da Layne Bowler é mostrado na Figura 4.1. São efectuadas algumas alterações paramétricas no esquema para obter as caraterísticas hidráulicas da bomba a projetar neste estudo. [11]

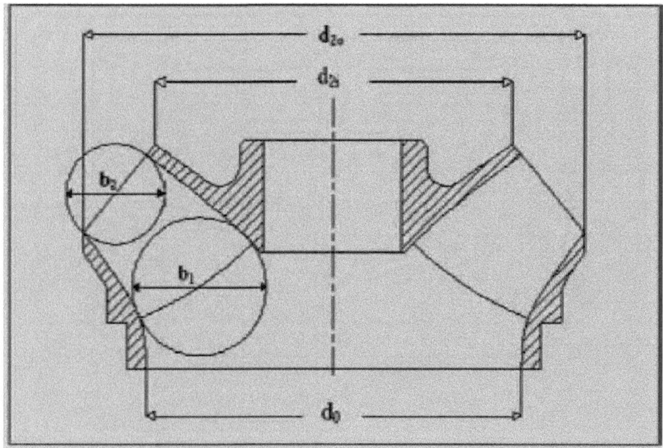

Figura 4.1 - Perfil de disposição do impulsor selecionado da biblioteca Layne Bowler [11]

O ponto de conceção da bomba é novamente indicado para definir a velocidade específica e as propriedades do fluxo noutras unidades. "A velocidade específica em unidades fundamentais é um número sem dimensão. No entanto, o valor mais comummente utilizado é em unidades US Customary (inglesas)." A velocidade específica em unidades usuais dos EUA é dada por [11]

$$N_{(u.s)} = \frac{n\sqrt{Q}}{H^{0.75}} \qquad (4.2)$$

onde n está em rpm, Q está em gal/min e H está em pés, obtemos N (U.S) = 2529,21. O diâmetro específico não-dimensional Δ é selecionado a partir da Figura 4.2

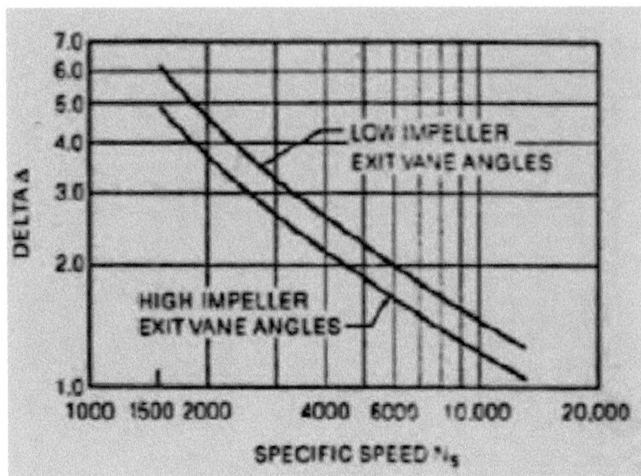

Figura 4.2 - Diagrama de Cordier para seleção do valor [11]

A partir do gráfico acima, obtém-se Δalto = 3,2 e Δbaixo = 3,8. Depois de determinar Δalto ea partir da Figura 4.2, os valores superior e inferior do diâmetro médio do impulsor, d2m, são calculados aplicando os valores de Δalto e Δbaixo à fórmula apresentada por[11]

$$\Delta = \frac{(gH)^{0.25} d_{2m}}{\sqrt{Q}} \qquad (4.3)$$

A partir da equação acima, encontramos d_{2m} alto = 92,205e d_{2m} baixo = 109,49 e, portanto, d_{2m}

av. =100,85.

Os parâmetros dimensionais que são avaliados durante a conceção do perfil de disposição do impulsor são ilustrados na Figura 4.3. Esses parâmetros são o diâmetro médio, d_{2m}, o diâmetro da cobertura do impulsor no bordo de fuga, d_{2o}, o diâmetro do cubo do impulsor no bordo de fuga, d_{2i}, a largura de entrada do impulsor, b_1, a largura de saída do impulsor, b_2, o diâmetro do cubo do impulsor à entrada, dh e o diâmetro do olho de entrada do impulsor, d0.[11]

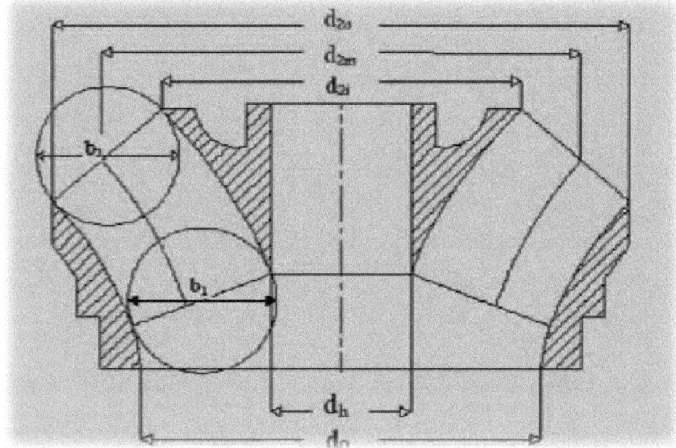

Figura 4.3 - Perfil da disposição do impulsor de uma bomba de caudal misto com os principais parâmetros geométricos [11]

Depois de determinar os valores de d_{2tn} para os ângulos alto e baixo das palhetas de saída do impulsor, o valor médio de d_{2tn}-alto e d_{2tn}-baixo é considerado para a primeira hipótese. O valor de d_{2o} é calculado utilizando o gráfico apresentado na Figura 4.4,[11]

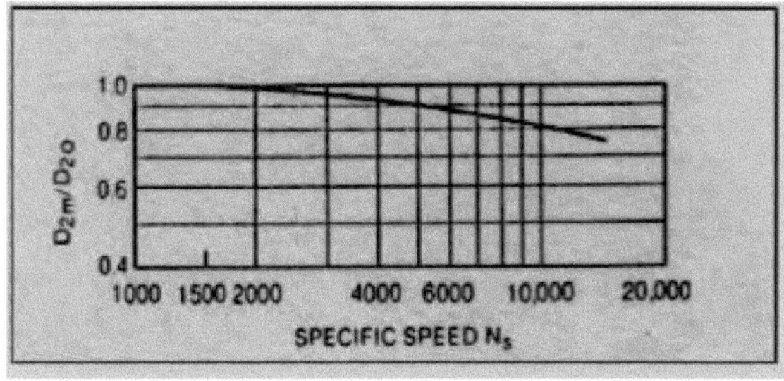

Figura 4.4 - Gráfico de projeto com a relação $d_{(2m)}/d_{2o}$ [11]

O gráfico acima dará $d_{(2m)}/d_{2o} = 0,92$ correspondendo ao valor de Ns, o valor de d_{2i}, que é mostrado na Figura 4.3, é calculado através da fórmula, [11]

$$d_{2m} = \sqrt{\frac{d_{2O}^2 + d_{2i}^2}{2}} \qquad (4.4)$$

Da equação acima obtemos o valor de d_{2i}=91,25.

A amplitude de saída, b_2, é determinada utilizando o gráfico apresentado na Figura 4.5. O valor médio de b_2 é adotado para a primeira estimativa. No entanto, o valor é corrigido dentro do intervalo mostrado na Figura 4.5 durante o procedimento de iteração, conforme explicado nas etapas posteriores do projeto da disposição do impulsor. Deve-se ter em conta que a velocidade meridional à saída depende do valor de b4. A relação entre b2 e a área de saída é dada na parte do cálculo da saída do impulsor do projeto preliminar. [11]

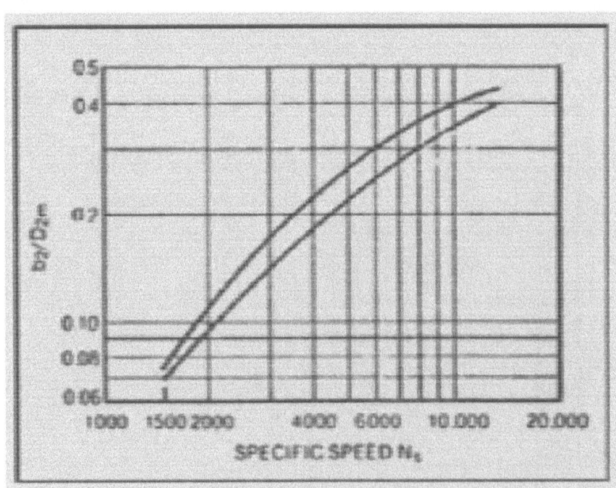

Figura 4.5 - Gráfico de projeto com a relação $b_{(2)}/d_{2m}$ [11]

Depois de determinar o valor de b2, é desenhado o círculo com o raio de b2. O centro deste círculo situa-se nos pontos de intersecção do d2o e da largura de saída existente do perfil selecionado da biblioteca. O círculo que é desenhado para construir a largura de saída da bomba a ser projectada. No entanto, para construir o ponto de partida do arco para o lado do cubo, é necessário determinar a dimensão do veio e o diâmetro do cubo. A dimensão do veio do impulsor é calculada para várias fases. A seleção do número de fases é feita considerando a procura da bomba a ser projectada a partir das estatísticas de vendas anteriores e adicionando várias fases a este valor como fator de segurança. De facto, o material do veio também é importante, como se pode ver na Equação (4.5). Os materiais do veio disponíveis na empresa e as futuras exigências são analisados e o material adequado é selecionado. O material selecionado é o AISI 316. O diâmetro do eixo é

$$d_s = \sqrt[3]{\frac{360000 p_m}{\tau_{Torsion}.n}} \qquad (4.5)$$

onde ds é o diâmetro do eixo em cm, T_s é a tensão de torção permitida em kPa/cm2, Pm é a potência transmitida em H.P métrico e n é a velocidade em rpm. Na equação acima, colocando o valor de n = 2880rpm, P_m = 5595watt, ζ torção = 40Mpa para aço, obtemos o diâmetro do eixo ds = 18mm.

A potência transmitida para estágios múltiplos, Pm, é definida como a bomba de múltiplos estágios

Potência que é calculada como:

$$P_m = \frac{\rho G Q H m}{\eta} \qquad (4.6)$$

Onde, m é o número de fases.

$$d_{o=} \sqrt[K_{0}3]{\frac{Q}{n}} \qquad\qquad (4.7)$$

O termo K0 na Equação (4.7) varia entre 4 e 4,5. "K0 é selecionado próximo de 4 quando se pretende uma melhor eficiência da bomba e K0 é selecionado próximo de 4,5 quando se pretende um melhor desempenho de capitação durante o projeto", [20]. O termo K0 é selecionado próximo de 4 para a bomba a ser projectada em termos de melhor eficiência no projeto. O diâmetro do olho de entrada do impulsor será do=55,75mm.

Os perfis do cubo e da cobertura são construídos através do ajuste de arcos suaves entre a largura de entrada do impulsor, bl, e a largura de saída do impulsor, b4. O perfil meridional da pá é alargado através do olhal de entrada do impulsor para reduzir o número de pás do impulsor . O número de pás do impulsor é selecionado para ser 6 com base na experiência de conceção recente e no conhecimento proveniente da literatura. Se o número de pás for superior a estes valores, é difícil produzir e montar os núcleos para obter o impulsor. O projeto da disposição do impulsor é então completado com um procedimento de tentativa e erro que é apresentado como um fluxograma na Figura 4.8. O principal objetivo deste processo é construir a melhor disposição do impulsor de modo a satisfazer as caraterísticas de fluxo da bomba a projetar. Os parâmetros desconhecidos são eliminados pelo procedimento iterativo associado ao projeto preliminar que é explicado nas secções seguintes. As abordagens heurísticas e intuitivas tornam-se principalmente as bases mais importantes do projeto da disposição do impulsor. No entanto, estas abordagens têm de ser apoiadas por abordagens teóricas em dinâmica dos fluidos, experimentação numérica e resultados experimentais. Uma vez alcançadas as caraterísticas desejadas da bomba através da experimentação numérica e validadas pelos resultados experimentais, a disposição projectada do impulsor é adicionada à biblioteca de disposições do impulsor. O objetivo da criação da biblioteca é encurtar os períodos de conceção das bombas através da conceção do perfil da disposição do impulsor. Se existir uma biblioteca, o projetista pode conceber facilmente a disposição do impulsor que se situa entre disposições de velocidade específicas próximas. No entanto, a passagem da pá da disposição do impulsor pode ser aumentada e utilizada se forem esperados caudais mais elevados de uma disposição de bomba existente. Este processo é designado simplesmente por construção de uma família de bombas que utiliza o mesmo recipiente para diferentes impulsores com diferentes caudais ou alturas manométricas. O procedimento de ampliação é efectuado principalmente através do ajuste da largura de saída e da largura de entrada da disposição do impulsor. [11]

4.4 PROJECTO PRELIMINAR

O projeto preliminar é realizado para a linha de médio curso, o que é explicado nas secções seguintes. Os parâmetros necessários são avaliados utilizando a metodologia apresentada a seguir. [11]

4.5 DADOS DE DESEMPENHO DA BOMBA

Os valores de entrada de projeto da bomba a ser projectada neste estudo são: caudal volumétrico, Q, altura manométrica, H e velocidade de rotação ω. [11]

4.6 EFICIÊNCIAS

O rendimento global η é quase sempre determinado experimentalmente com base nas medições da descarga Q, da altura H e da potência de entrada P, efectuadas durante um ensaio da bomba. Estes componentes de eficiência são a eficiência hidráulica, η_h, a eficiência volumétrica, η_v e a eficiência mecânica, η_m.

A eficiência da bomba é dada como: [11]

$$\eta = \eta_h \cdot \eta_v \cdot \eta_m \qquad (4.8)$$

As eficiências volumétrica e mecânica são assumidas como sendo de 96% para a bomba a ser projectada. O rendimento da bomba é obtido a partir do gráfico apresentado nas referências [1] e [4] como 76%. Usando a eficiência volumétrica, a eficiência mecânica e a eficiência da bomba, a eficiência hidráulica da bomba a ser projectada é calculada como:

$$\eta_h = \left(\frac{\eta}{\eta_m \, \eta_v} \right) \qquad (4.9)$$

4.7 ENTRADA DO IMPULSOR

O caudal, Q_i, que é definido principalmente como o caudal volumétrico que passa através da passagem da pá do impulsor, é calculado utilizando a eficiência volumétrica, η_v e o caudal do ponto de projeto Q. A fórmula é a seguinte [11]

$$Q_i = \frac{Q}{\eta_v} \qquad (4.10)$$

Obtemos $Q_i = 0,008125$ m$^{(3)}$/sec

A área líquida no olho de entrada do impulsor, A_0, é calculada considerando o veio no olho de entrada do impulsor como:[11]

$$A_0 = \frac{\pi.(d_0^2 - d_s^2)}{4} \qquad (4.11)$$

Colocando o valor apropriado na equação acima, obtemos o valor A_0=2188.3 m^{2}O diâmetro líquido do olho de entrada do impulsor, d_o, é retirado da disposição projectada do impulsor. A velocidade axial no orifício de entrada do impulsor, também designada por velocidade meridional, é dada por,[11]

$$V_{m0} = \frac{Q_i}{A} \qquad (4.12)$$

A equação acima dará o valor da velocidade meridional V_{mo}=4,56m/sec.

O diâmetro do cubo é obtido a partir do esquema do impulsor e a área de entrada das pás sem a espessura das pás, A_r, é calculada girando a largura de entrada das pás, b_1, em torno do eixo de rotação. A espessura da pá é o parâmetro importante no projeto. A espessura da lâmina é altamente dependente das técnicas de produção utilizadas na empresa. Se a espessura for demasiado pequena e não for ajustada com as outras espessuras de parede no impulsor, a fundição do impulsor pode não ser conseguida da forma desejada. A espessura da pá ,s , é tomada como, 3 mm na borda de ataque, 4 mm no meio e 3 mm na borda de fuga da pá.

O coeficiente de constrição de entrada, φ_1, é assumido como a primeira estimativa. A área líquida no bordo de ataque da pá é calculada utilizando [11]

$$A_1 = \frac{A_1}{\phi_1} \qquad (4.13)$$

A velocidade meridional no bordo de ataque, V_{m1}, da pá é calculada como se segue, [11]

$$V_{m1} = \frac{Q_i}{A} \qquad (4.14)$$

Para calcular os ângulos β_1 e β_2 e, consequentemente, determinar a forma da pá, o impulsor é dividido em duas ou quatro correntes elementares (dependendo do tamanho do impulsor) de igual caudal. A linha de fluxo que é desenhada seguindo o método descrito é designada por A_1A_2 e é mostrada na Figura 4.11. O desenho do impulsor é feito para cinco linhas de fluxo que constituem 3 fluxos de igual caudal. Embora as outras linhas de fluxo que se situam entre A_1A_2 e o perfil do cubo e também A_1A_2 e o perfil da cobertura sejam desenhados com a mesma metodologia.

A velocidade periférica à entrada do impulsor é calculada como:

$$U_1 = \frac{\omega.d_1}{2} \qquad (4.15)$$

O ângulo de entrada da pá β_1, que é mostrado na Figura 3.13, é calculado utilizando a fórmula:

$$\beta 1 = \tan^{-1} \frac{V_{m1}}{U1} \qquad (4.16)$$

Ângulo da pá de entrada $\beta 1 = 25{,}56°$.

Do mesmo modo, β_2 pode ser encontrado a partir da equação

$$\beta 2 = \tan^{-1} \frac{V_{m2}}{U2} \qquad (4.17)$$

O ângulo da pá de saída será $\beta_2 = 11{,}6°$

A partir das equações acima, os parâmetros geométricos do impulsor podem ser obtidos da seguinte forma:

- Dados de saída obtidos a partir da conceção analítica

Quantidade	Símbolo	Valor	Unidade
Diâmetro do veio	d_{sh}	'15	mm
Diâmetro do cubo	d_{hi}	25.06	mm
Diâmetro de entrada	D_{2i}	91.25	mm
Diâmetro de saída	D_{2o}	107.28	mm
Ângulo de entrada da lâmina	β_1	25.56	grau
Ângulo da lâmina de saída	β_2	11.6	grau

Quadro n.º 4.2 Dados de saída obtidos do projeto analítico

Podemos agora produzir o impulsor com a disposição projectada e validar o seu desempenho através de resultados experimentais ou de análise CFD.

CAPÍTULO - 5 ANÁLISE CFD DO IMPULSOR

5.1 INFORMAÇÕES GERAIS SOBRE A ANÁLISE E O SOFTWARE DA CFD

A fim de encurtar os períodos de conceção e reduzir os custos de fabrico, prototipagem e ensaio da bomba, é utilizado um software comercial de Dinâmica dos Fluidos Computacional (CFD) no processo de conceção. O principal objetivo deste estudo, através da aplicação de experimentação numérica à bomba concebida, é a integração do código CFD no processo de conceção e a verificação da conceção antes de a bomba ser produzida. O código CFD é utilizado para obter curvas caraterísticas da bomba, tais como altura vs. caudal e eficiência vs. caudal. Com efeito, são também efectuadas investigações da estrutura do fluxo interno para corrigir o projeto e obter um melhor desempenho[15].

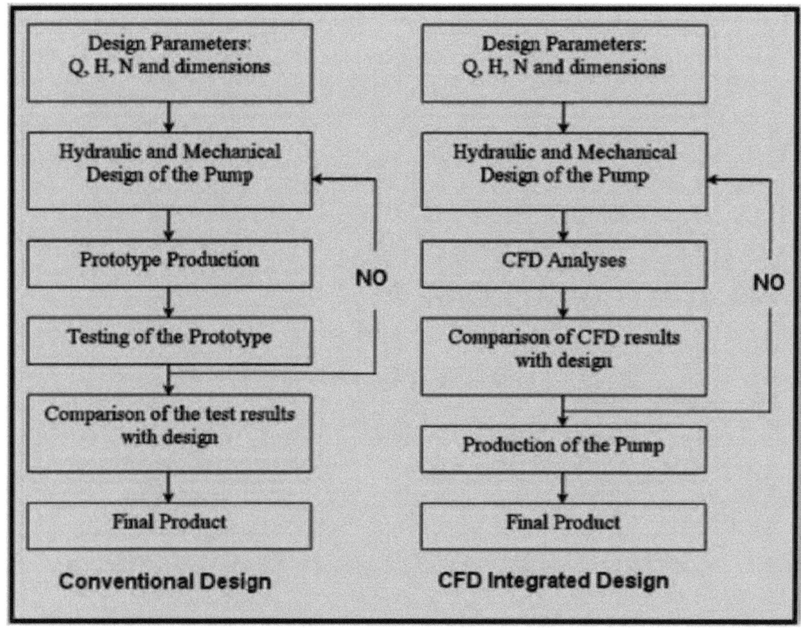

Figura 5.1 Procedimentos de projeto integrados convencionais e CFD

No procedimento de projeto convencional, a bomba é projectada para os parâmetros de projeto que satisfazem as necessidades do cliente. Durante o processo de conceção, o projetista avalia os parâmetros necessários com base na experiência adquirida com os estudos anteriores. Após a conclusão do projeto, o protótipo é produzido de forma a validar o projeto. Simplesmente, se as caraterísticas da bomba encontradas nas experiências forem diferentes das caraterísticas desejadas no projeto, o projeto é renovado e tenta-se obter as melhores caraterísticas de desempenho da bomba. Se o caudal ou a altura manométrica da bomba estiver próximo do ponto de funcionamento pretendido, é possível ajustar as caraterísticas da bomba na fase de fabrico através da redução do diâmetro do impulsor, da limagem inferior ou de melhores operações de acabamento da superfície. No entanto, se a bomba projectada não atingir o melhor rendimento, é necessário renovar o projeto para obter o rendimento desejado. No entanto, estas operações podem aumentar os períodos de projeto e os custos globais da bomba[15].

5.2 ETAPAS DA ANÁLISE DA CFD

5.2.1 MODELAÇÃO DO IMPULSOR

A modelação sólida do impulsor é uma opção para modelar com software como creo; solidworks, etc., mas é melhor utilizar o modelador de pás Ansys disponível no sistema de componentes Ansys workbench, vista CPD.

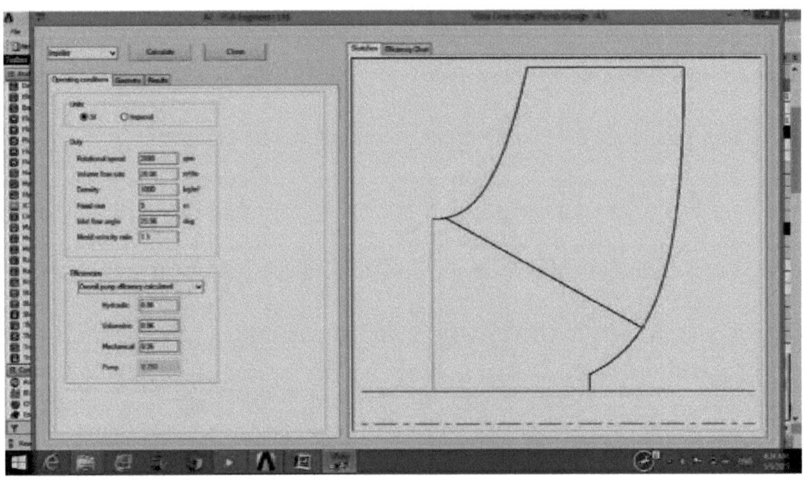

Figura 5.2 Modelação de lâminas no VISTA CPD

Dando os parâmetros de entrada como o ângulo de entrada e de saída, o diâmetro da ponta, podemos obter o perfil acima correspondente à eficiência dada.

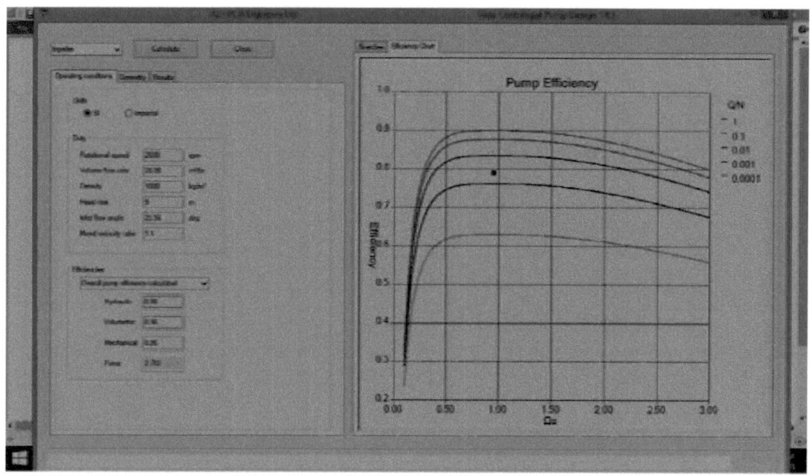

Figura 5.3 Gráfico de eficiência para o modelador de lâminas

As propriedades do modelo do impulsor podem ser definidas no módulo de projeto de pás do Ansys.

Uma vez que o vista CPD se destina à conceção de bombas centrífugas, é necessário introduzir o caudal como tipo de caudal misto e sentido de rotação.

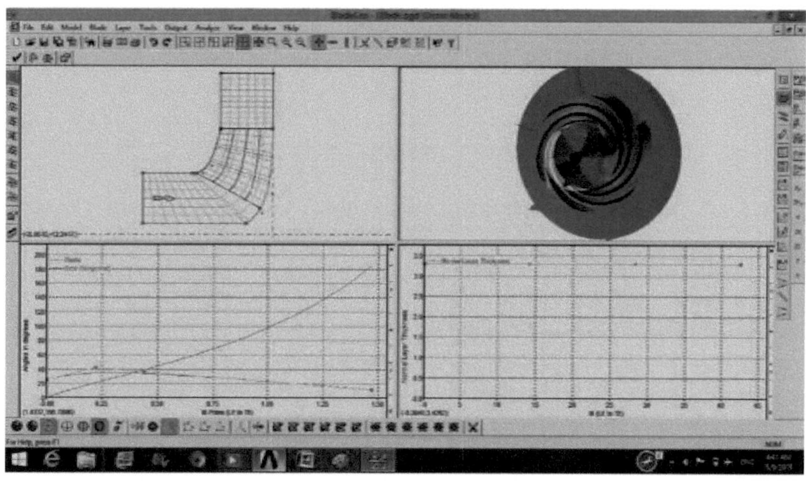

Figura 5.4 Modelos de impulsor com perfil de pá do bordo de ataque ao bordo de fuga

35

Isto pode ser feito para a hélice existente e para a nova hélice, alterando simplesmente o ângulo das pás de entrada e de saída e o número de pás. Escolhemos o número de pás como 6 na nova hélice projectada e 7 na hélice existente.

Depois de realizar a operação acima, exportar o modelo da lâmina para a ferramenta de criação de malha Ansys, onde é necessário atualizar a geometria e seguir para a criação de malha.

5.2.2 GERAÇÃO DE MALHA

A estrutura do fluido, que é formada pela colocação das extensões na entrada e na saída da bomba, é dividida em elementos finitos. Antes de executar uma análise de projeto CFD, a geometria tem de ser dividida em peças pequenas e manejáveis chamadas elementos. O canto de cada elemento é designado por nó, e é em cada nó que é efectuado um cálculo . No seu conjunto, estes elementos e nós constituem a malha. Para obter soluções fiáveis na análise CFD, o número de elementos deve ser aumentado tanto quanto possível. No entanto, quando o número total de elementos aumenta, os períodos de solução tornam-se mais longos. A estratégia de criação de malhas consiste simplesmente em utilizar elementos mais pequenos para o impulsor e a região de rotação circundante e aumentar o tamanho dos elementos para as outras partes. O ponto de partida da malha do impulsor é definir o tamanho do elemento que está mais próximo da espessura mínima da pá do impulsor [15]. O mesmo tamanho de elemento é aplicado ao impulsor e à região rotativa.

A criação de malhas é efectuada através da verificação do método de malha global para todas as regiões e, em seguida, é efectuado o dimensionamento e o refinamento nas curvas. No total, são gerados 20940 nós e 13788 elementos. Após a criação da malha do componente no ficheiro ICEM CFD com o formato .cgns, este é exportado para o ansys CFX e são definidas as condições de fronteira.

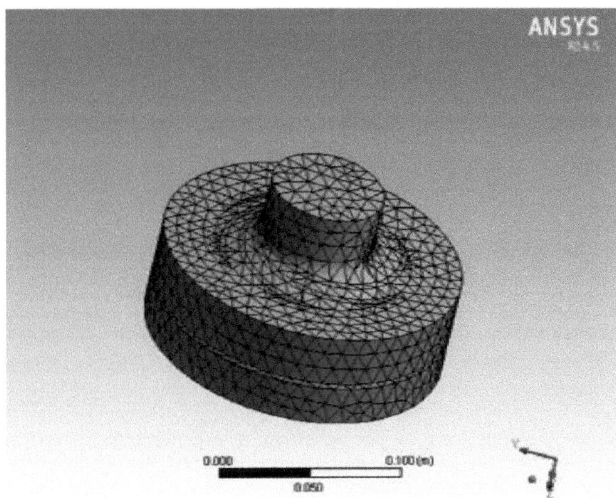

Figura 5.5 Impulsor com malha

5.2.3 DEFINIÇÃO DAS CONDIÇÕES DE FRONTEIRA

O objetivo é determinar o aumento da pressão à entrada e à saída da bomba ao longo das análises. Para encontrar o aumento de pressão, o caudal volumétrico é definido à saída da bomba e a pressão latente é definida à entrada da bomba. Nas experiências reais, a bomba está submersa num grande reservatório. No cfx, é selecionado o domínio básico do fluido com as propriedades materiais da água e o modelo de tensão de corte. Depois de definir as condições de fronteira à entrada e à saída, define-se o controlo do solucionador, em que é marcada uma resolução elevada com um número de iterações até 1000.

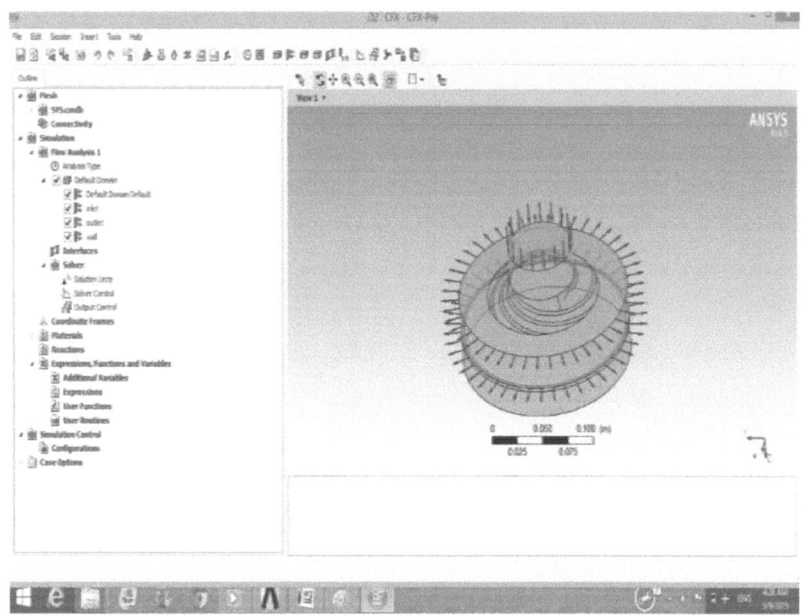

Fig 5.6 Definição da condição de fronteira no CFX PRE A solução até 1000 iterações dará diferentes valores e gráficos do desempenho da bomba.

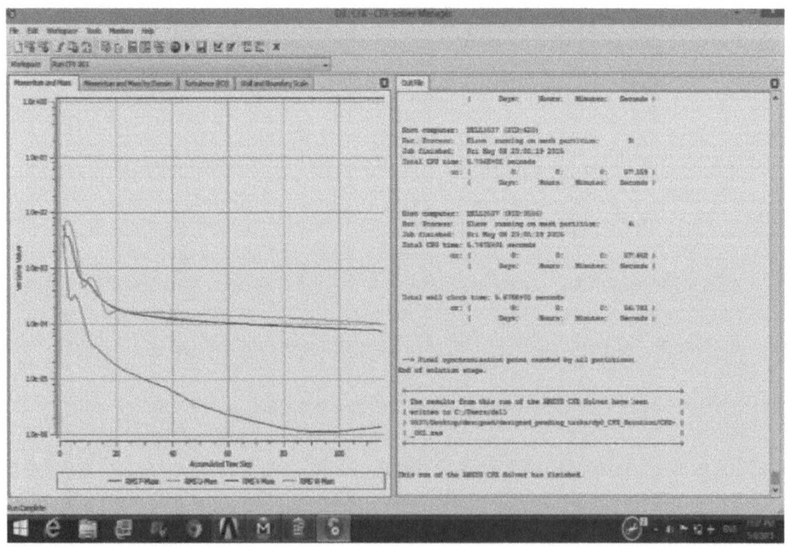

Figura 5.7 Gráfico de momento e massa com passos de tempo no CFX Solver

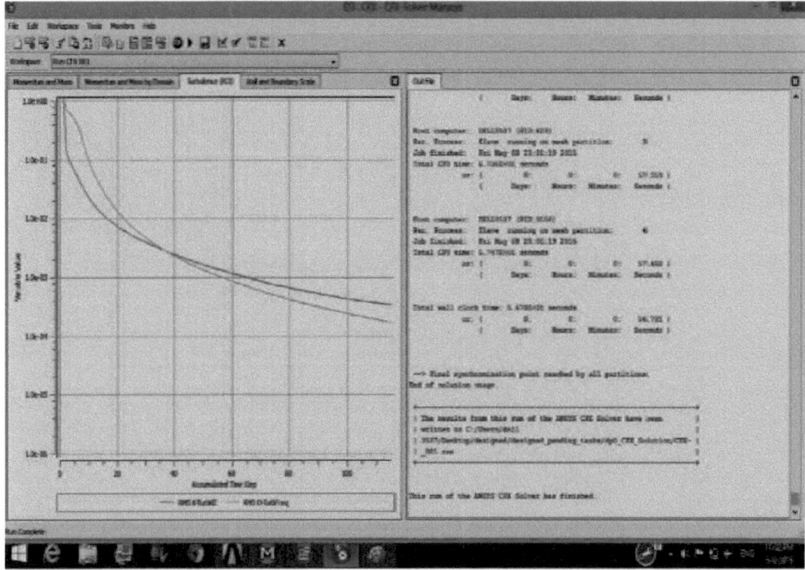

Figura 5.8 Gráfico de turbulência com passos de tempo no solucionador CFX

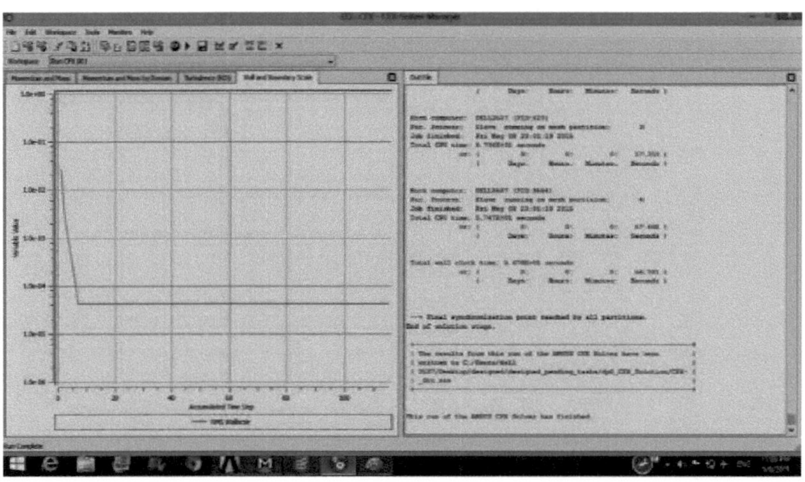

Figura 5.9 Gráfico da parede e da fronteira com passos de tempo no solucionador CFX

CAPÍTULO - 6 RESULTADOS E CONCLUSÃO

Os resultados da análise CFD foram obtidos na publicação CFD. Obteve-se o valor da pressão e da velocidade à entrada e à saída, bem como a distribuição da pressão entre o cubo e a cobertura. Além disso, é determinado o valor do binário, que será utilizado para determinar a eficiência hidráulica.

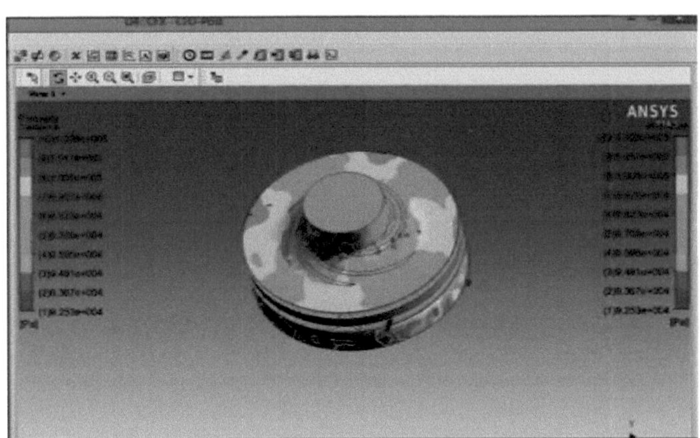

(a)Nova conceção

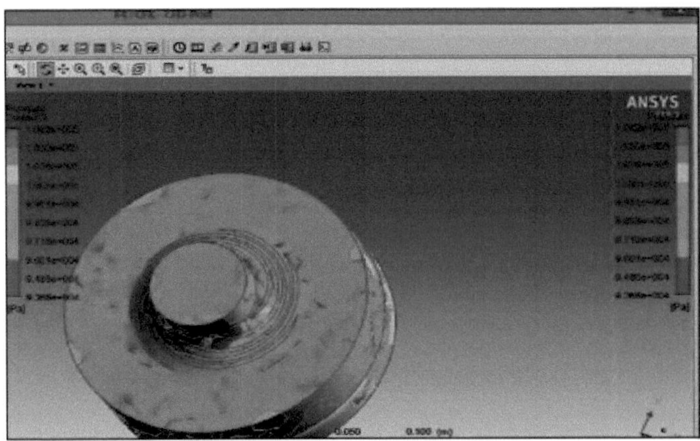

(b)Conceção existente

Figura 6.1 Distribuição da pressão do novo impulsor concebido e do impulsor existente

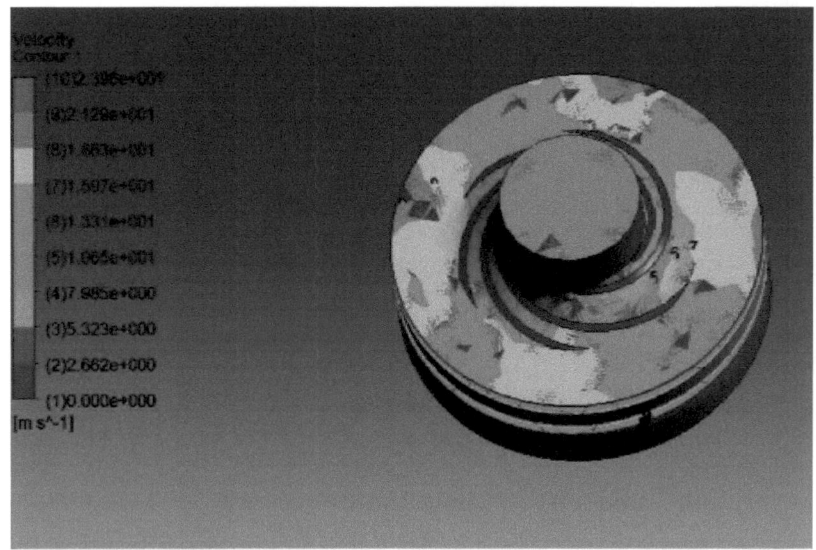

(a)Nova conceção

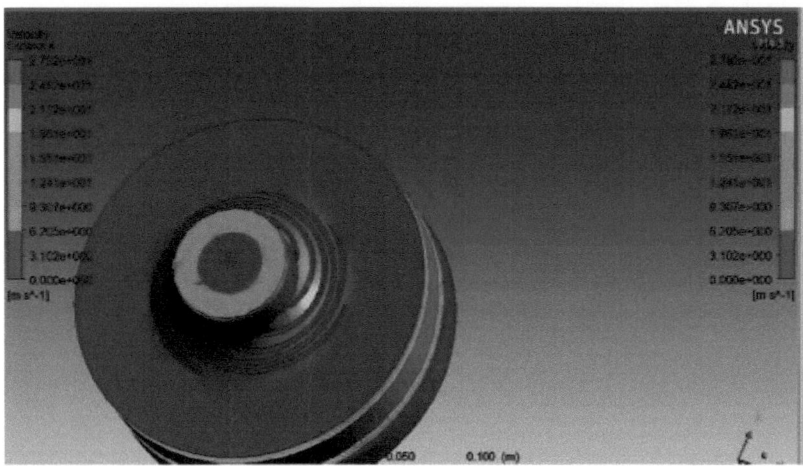

(b)Conceção existente

Figura 6.2 Distribuição da velocidade do novo impulsor projetado e do impulsor existente.

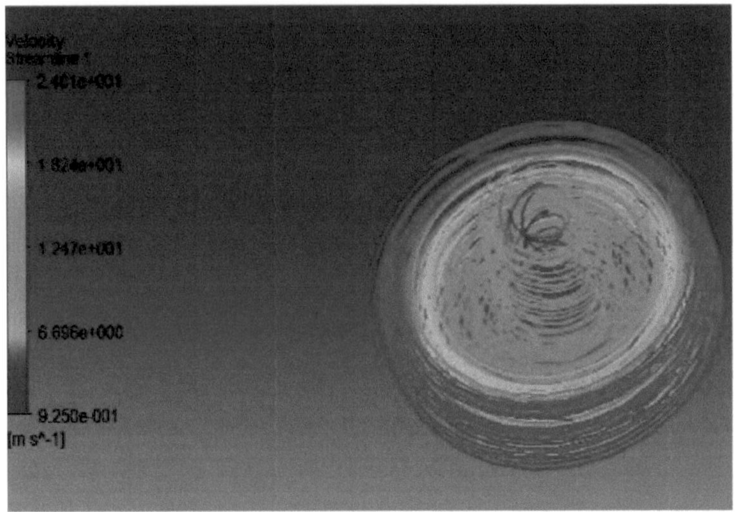

(a) Novo concebido

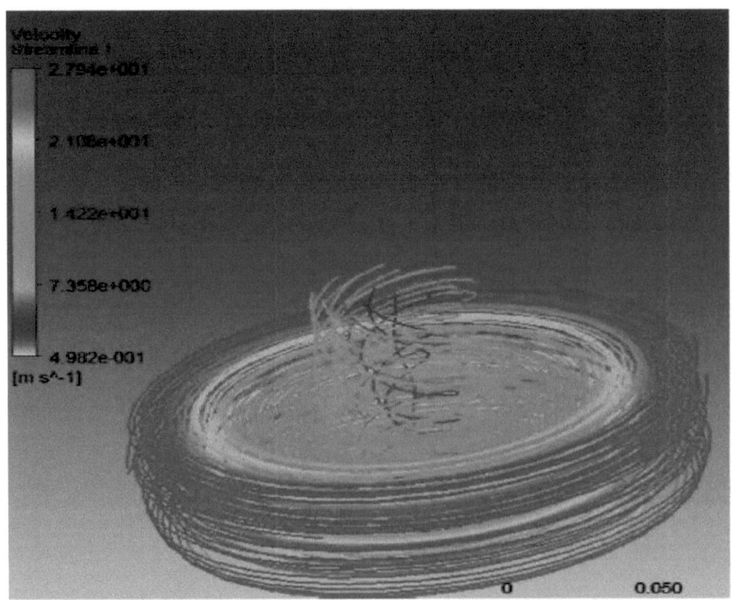

(b)Conceção existente

Figura 6.3 Linha de fluxo de velocidade do novo impulsor projetado e do impulsor

existente

43

Os resultados acima referidos podem ser expressos sob a forma de gráficos.

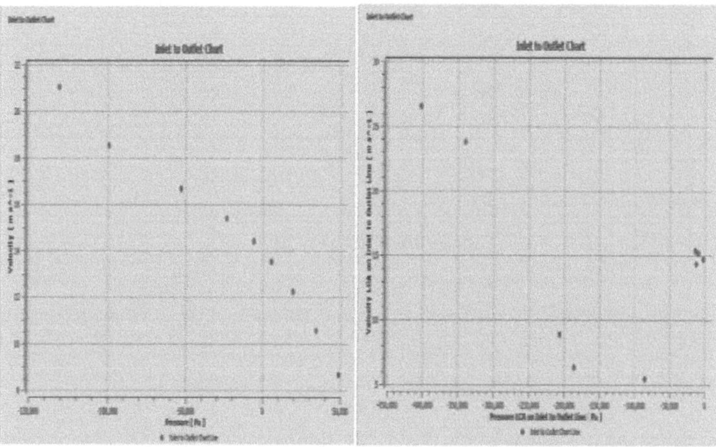

(a) Novo projeto   (b)Projeto existente

Figura 6.4 Gráfico de velocidade vs. pressão entre a entrada e a saída para projectos

novos e existentes

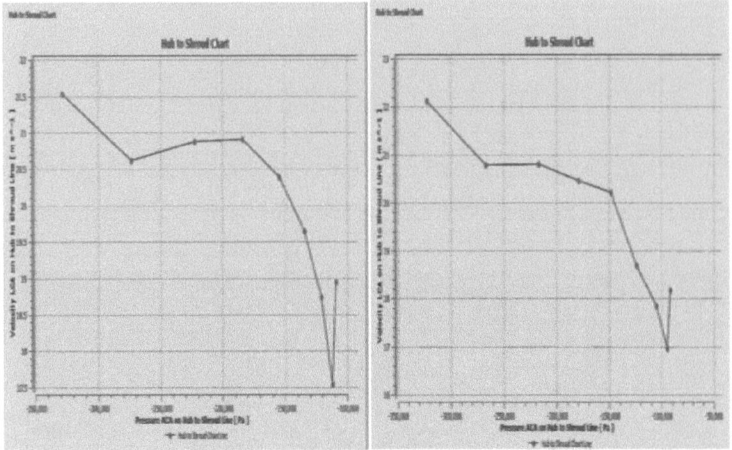

(a) Novo projeto   (b)Projeto existente

Figura. 6.5 Gráfico de velocidade vs. pressão do projeto novo e do projeto existente para o cubo até à cobertura.

A calculadora funcional fornece todos os valores da pressão e da velocidade à entrada e à saída. Os valores da pressão e da velocidade podem ser aplicados na equação de Bernoulli e a altura manométrica desenvolvida pode ser encontrada a partir desta.

Total head developed $H = \dfrac{P2-P1}{\rho g} + \dfrac{v2^2}{2g}$

E a eficiência hidráulica é dada por

$\eta_h = \dfrac{\rho g Q H}{T\omega}\, m$

Onde p=densidade da água

g = aceleração gravitacional=9,81 m/sec^2

44

Q=discharge=0.0078m$^{(3)}$/sec.

T=torque

ω= velocidade angular=301,59 rad/sec

Aplicando os valores da pressão e da velocidade à entrada e à saída e o valor do binário da pós-análise CFD, obtêm-se os seguintes resultados

6.1 COMPARAÇÃO DO RESULTADO CFD DO IMPULSOR PROJECTADO E EXISTENTE

	IMPULSOR CONCEBIDO	IMPULSOR EXISTENTE
PRESSÃO DE ENTRADA	30367,9 Pa	30592,1 Pa
PRESSÃO DE SAÍDA	90081.1 pa	59029,4 Pa
VELOCIDADE DE SAÍDA	7,74 m/sec	7,94 m/sec
CABEÇA DESLOCADA	9.13 m	8.12 m
TORQUE	15,28 Nm	13,82 Nm
HIDRÁULICO EFICIÊNCIA	90%	67.1 %

Tabela 6.1 comparação do resultado CFD do impulsor projetado e do impulsor existente

6.2 COMPARAÇÃO DOS RESULTADOS ANALÍTICOS E DA CFD

Parâmetro	Cálculo analítico		Resultados CFD	
	Conceção atual	Nova conceção	Conceção atual	Nova conceção
Cabeça	7,45 m/estágio	9m/estágio	8.12 m/estágio	9.13m/ palco
Eficiência hidráulica	65%	82%	67.1%	90%

Quadro 6.2 Comparação dos resultados analíticos e CFD

6.2 CONCLUSÃO:

> O impulsor com menor ângulo de estrutura de saída e menor número de pás melhorou a cabeça em quase 12% com uma taxa de descarga constante de 0,0078m [3] /sec. Também a cabeça melhorada proporciona uma melhor eficiência hidráulica.

> O projeto analítico melhora a eficiência hidráulica em 20% e a análise CFD dá um resultado muito melhor de 25% de melhoria da eficiência.

> A análise CFD fornece resultados muito mais exactos do que a análise analítica ou experimental.

6.3 ÂMBITO DE APLICAÇÃO FUTURO:

> Neste trabalho de dissertação, o projeto da bomba é investigado considerando diferentes ângulos da estrutura de saída através da análise CFD, o que pode ser verificado considerando o problema de otimização.

> É necessário investigar o impacto na eficiência volumétrica, tendo em conta as diferentes perdas e a eficiência mecânica.

> A nova conceção do impulsor pode ser verificada experimentalmente, uma vez que podem existir diferentes considerações práticas que podem afetar o desempenho da bomba submersível.

REFERÊNCIAS

TRABALHOS DE INVESTIGAÇÃO

[1] Jidong Li, Yongzhong Zeng" optimal design on impeller blade of mixed-flow pump based on CFD "Elsevier, Procedia Engineering 31,pp 187 - 195,2012.

[1] Michal Varchola, Peter Hlbocan,' Geometry Design of a Mixed Flow Pump Using Experimental Results of on Internal Impeller Flow'Procedia Engineering 39, pp168-174, 2012.

[3] Hao Bing ,Shuliang Cao," Three-dimensional design method for mixed-flow pump blades with controllable blade wrap angle" *Journal of Power and Energy,*pp567-583,*july 2013.*

[4] R RAGOTH SINGH e M NATARAJ[5] Otimização da geometria do impulsor para melhorar o desempenho de um ventilador centrífugo utilizando o conceito de qualidade de taguchi" International Journal of Engineering Science and Technology, Vol. 4 No.10, pp4308- 4314, outubro de 2012.

[5]A.Manivannan," Computational fluid dynamics analysis of a mixed flow pump impeller", revista internacional de ciência e tecnologia, vol 2 no.6, pp200-206, 2010.

[6]Sambhrat srivastav "Design of a mixed flow pump impeller and its validation using FEM analysis" Procedia Technology vol 14 ,pp 181 - 187, ,2014.

[7]Pranit M. Patil and Sangram S. Patil" Design, Development and Testing of an Impeller of Open Well Submersible Pump for Performance Improvement", International Journal of Science and Research,vol 3 issue 6,pp 2319-7064,june 2014.

[8]   Arungshu Das e Apurba Kumar Roy "Design and Stress Analysis of a Mixed Flow Pump Impeller" International Journal ofMechanical Engineering and Computer Applications, Vol 1, Issue 5,pp 1-5,octo-2013.

[9] Nellambika e Veerbhadrapa "IJRET: International Journal of Research in Engineering and Technology" Jornal Internacional de Investigação em Engenharia e Tecnologia, vol 2, pp 601-606, 2012.

[10] MR. PARAG M. THETE e H. D. THAKARE, "Performance Optimization Of Mixed Flow Impeller Using Backward Blades", International Journal Of Pure And Applied Research In Engineering And Technology, vol 2(90) ,pp 402-408,2011.

Livros

[11]Dicmas J L turbina vertical de fluxo misto e bomba de impulsor, Macgrow Hill Inc, EUA, 1987

[12] Manual de bombas da indústria Grundfos

[13]Memorando técnico da NASA sobre "Centrifugal and Axial Pump Design and Off- Design Performance Prediction" (Projeto de bombas centrífugas e axiais e previsão do desempenho fora do projeto)

[14] CFDdesign User's Guide Version 7.0 (2004) Blue Ridge Numeric's, Inc.Charlottesville.

More
Books!

info@omniscriptum.com
www.omniscriptum.com
OMNIScriptum

Printed by Books on Demand GmbH, Norderstedt / Germany